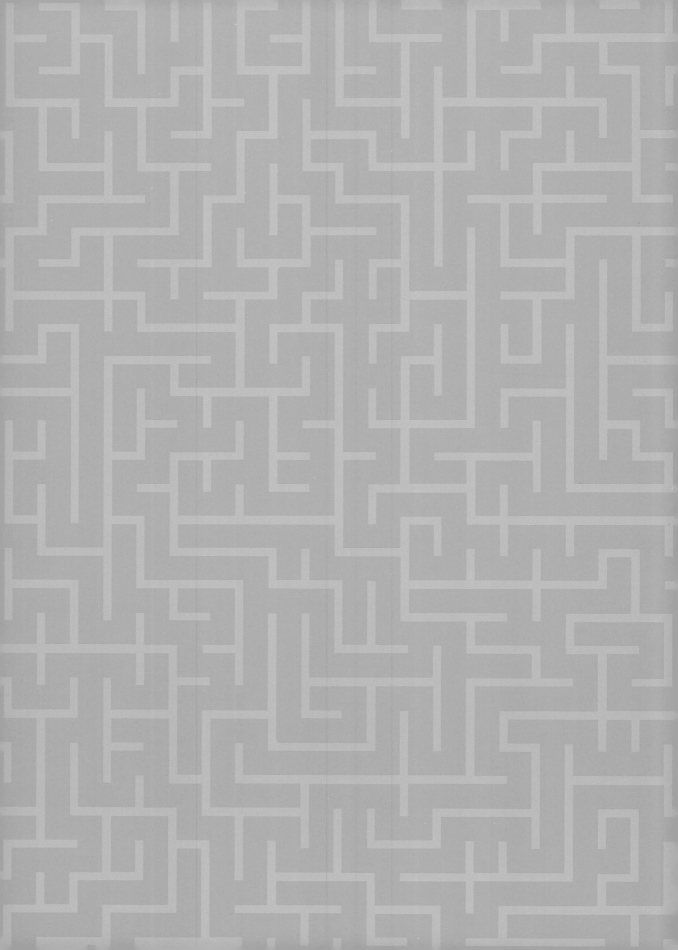

日本轉動創意研究所（KoroKoro Lab.）／監修
林禕穠／譯

用紙箱做立體機關玩具

彈珠遊戲
進階版

搖滾彈珠轉轉樂
馬上自己
動手做！

八方出版

用紙箱做

刺激好玩 立體機關玩具

轉啊轉

啪噠啪噠

※本書中介紹的立體機關玩具，利用不同材料搭配零件傾斜的角度，讓彈珠的軌跡改變。
　所有的裝置在暫時固定的時候，先讓彈珠完整跑過一次做確認，之後再用接著劑牢牢貼好。

※組裝時間是各個部分切割好之後再組裝起來的大概時間，會依照每個人的快慢時間不太
　一樣喔。

本書介紹的作品是預設小朋友與家長一起操作的情況。且會使用到如刀子、剪刀等物品，
如果使用方式錯誤的話會受傷！希望小朋友與家長在使用上注意安全。由於操作本書內容
而發生的一切損傷本書是無法負責的，敬請見諒。

需要的道具和材料

道具

刀片

切割紙箱時使用。請準備粗的與細的兩種。

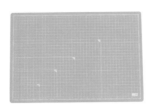

切割墊

使用刀片時墊在下方，能避免地板或桌子被刮傷。

圓規

畫各種圓圈時使用。

雙面膠

在裝置上面固定摺紙或色紙，或需要補強黏力時使用。

剪刀

用來剪卡紙和摺紙時使用。

膠水

用來黏貼卡紙時使用。

雕刻刀

要切比較細的圓圈，或切割奶精球底部時使用。

白膠

要黏貼紙箱時使用，建議準備容量比較多的款式。

紙膠帶

用來暫時固定紙箱剪好的各個部位時使用。

筆記用具

畫線，或是擦掉時使用的。

三角板&量角器

畫垂直線，或測量角度時使用。

小錐子

要在紙箱上打洞時可以使用。

竹串、竹籤

把零件戳進去，或者是壓住時使用。

精密鑽孔器

打洞的時候可以使用。

不鏽鋼尺

要切割厚紙板的時候，靠在刀片邊邊一起使用。

尺

測量長度，或畫直線時使用。

首先，先蒐集好製作立體機關玩具的道具和材料吧！
道具和材料都可以在大賣場或者是文具店買到喔。

厚紙板
（600×450mm）

製作裝置和外箱的部分使用。本書使用厚度5mm的厚紙板。

寶特瓶

建議使用底部沒有隆起的瓶子來製作。

彈珠
（15mm、20mm）

本書中，會使用到兩種尺寸的彈珠來製作裝置。

卡紙

在「深夜街上的滾滾蟲先生」，與「球球們的馬拉松比賽」立體機關玩具中會使用到。

奶精球

製作「UFO的太空旅行」時，打洞後使用。

保麗龍

製作「好有趣的科學實驗課」時，作為浮動裝備使用的道具。

吸管
（能夠彎曲的）

製作「好有趣的科學實驗課」時使用。

吸水幫浦

製作「好有趣的科學實驗課」時切斷使用。

色鉛筆

製作「彩色鉛筆溜滑梯」時，作為軌道使用。

圖釘

製作「彩色鉛筆溜滑梯」時，用來固定色鉛筆使用。

裝飾用的東西

- 彩色筆
- 雙面色紙
- 摺紙
- 打洞機
- 紙膠帶
- 水性麥克筆

一起來學習基本的作法吧!

在厚紙板上面畫線

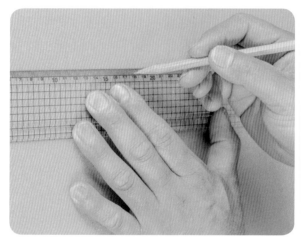

要畫橫線的話,將尺固定在想要畫的位置上,再用鉛筆畫線。

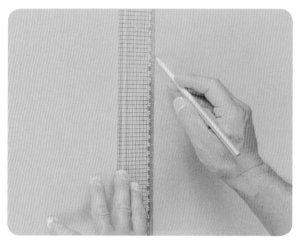

要畫直線的話,將尺固定在想要畫的位置上,再用鉛筆由上往下畫線。

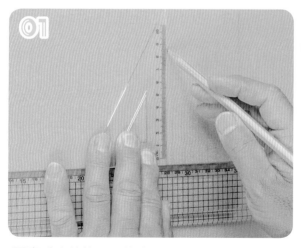

要畫垂直線的話,先畫出橫線,再於尺上放置三角板,畫兩個點。

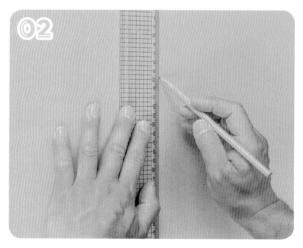

用尺將兩個點連在一起。

這裡要介紹幾個使用厚紙板製作的基本技巧喔。
製作立體機關玩具之前仔細地閱讀一下吧。

● 切割紙箱

在想要切割的位置底部放置切割墊。

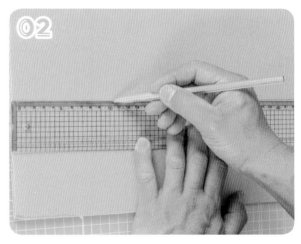

在要切割的地方使用尺並用鉛筆畫線。

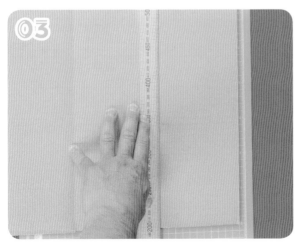

讓自己和 ◯2 畫的線成垂直狀，改變紙箱的方
向，把不鏽鋼尺對準線上面放置。

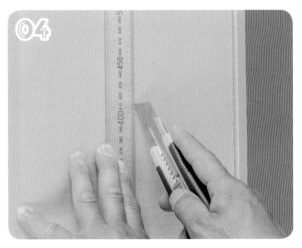

沿著不鏽鋼尺，讓刀片呈現45度角的方式切
割。

● 固定厚紙板（黏合）

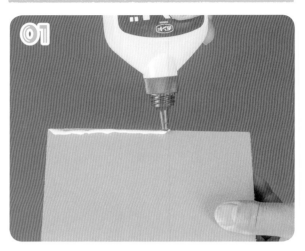

在想要固定的厚紙板的一邊塗上白膠。

POINT 厚紙板厚度的部分我們稱之為斷面，其餘的都叫作邊，如果是要塗整個面積的話則稱之為面！

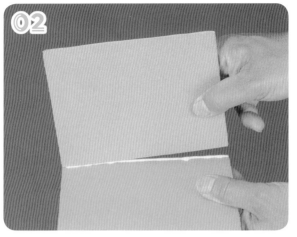

把另外一邊的厚紙板接上去。祕訣是從角開始接合。

使用紙膠帶暫時固定住。貼在邊邊的兩端，如果是比較大的物件中間也要貼上。

放置15～20分鐘，等白膠乾了之後撕掉紙膠帶。

● 製作終點

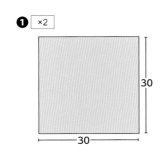

❶ ×2

30
30

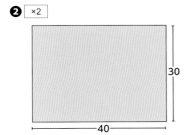

❷ ×2

30
40

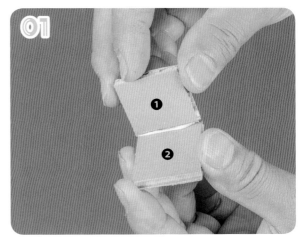

於❶的斷面塗上白膠，黏貼在❷的短邊（另一側也一樣）。

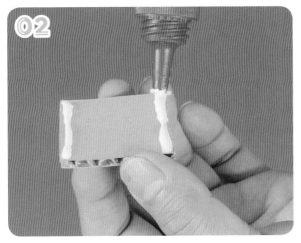

將另外一個❷的兩個短邊塗上白膠。

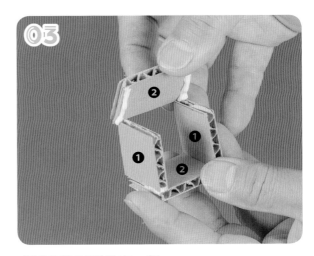

把02與01黏貼在一起。

● 製作外箱

所有機關玩具的外箱都是在這邊做好的喔！

《外箱構造圖》

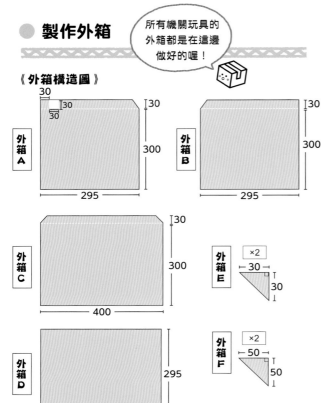

外箱A：30 / 30 / 30 / 30 / 300 / 295

外箱B：30 / 300 / 295

外箱C：30 / 300 / 400

外箱D：295 / 390

外箱E：×2 / 30 / 30

外箱F：×2 / 50 / 50

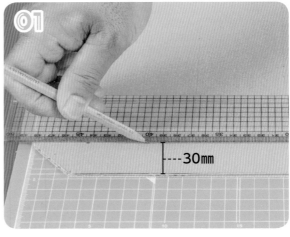

01

----30mm

於外箱A、B的短邊底部，及外箱C的長邊底部量30mm的位置畫出平行線。

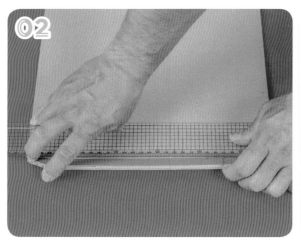

02

從01的線上用刀片的背面刻上刀痕，用尺按住摺起（外箱A、B、C全部用同樣方法操作）。

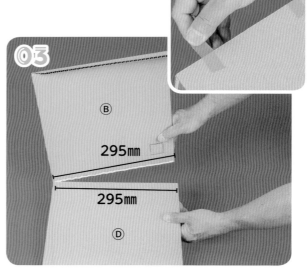

03

Ⓑ

295mm

295mm

Ⓓ

將外箱B的斷面塗上白膠，與外箱D黏貼在一起（另外一面以相同方式將外箱A黏上）。上面再用紙膠帶固定住。

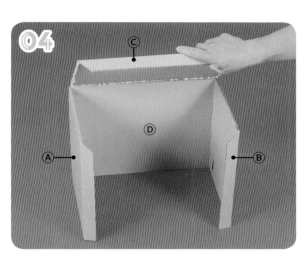

將外箱 C 的斷面塗上白膠，黏貼在外箱 A、B、D 的上面。(另一邊以相同方式將外箱 E 黏上)。

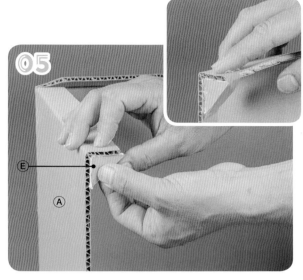

外箱 E 兩個短邊的斷面塗上白膠，黏在 04 的左上、右上角，再用紙膠帶暫時固定。

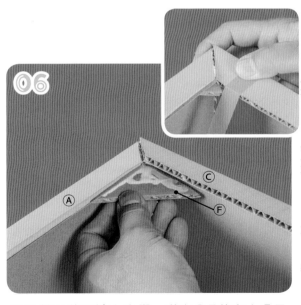

將外箱 F 的面塗上白膠，黏在 05 的左上角及右上角內側，再用紙膠帶暫時固定住。

完成

※如圖切割出左上起點與右下終點的位置。

1 搖滾彈珠轉轉樂

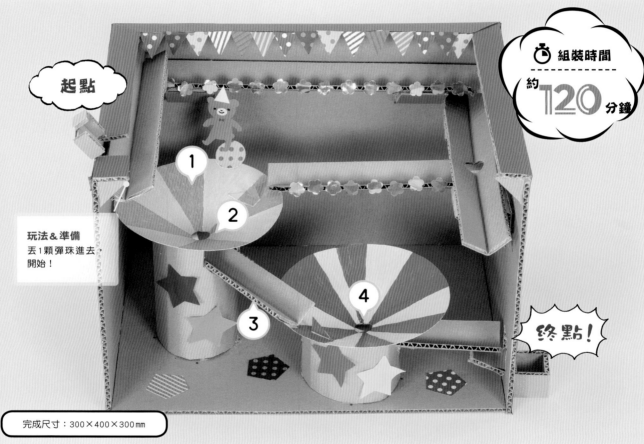

起點

玩法 & 準備
丟 1 顆彈珠進去
開始!

1
2
3
4

終點!

完成尺寸:300×400×300 mm

起點
出~發!!
轉啊轉
1

注意危險!!
2

喇
3

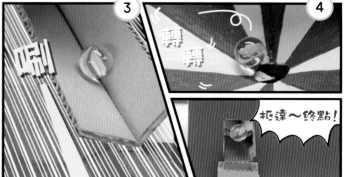

轉轉
4

抵達~終點!

 使用的道具與材料

※本書使用厚度5mm的厚紙板。

・厚紙板（600mm×450mm）：4張
・鉛筆
・刀片
・切割墊

・尺
・不鏽鋼尺
・白膠
・圓規

・卡紙（白）（210mm×297mm）：2張
・剪刀
・紙膠帶
・量角器
・彈珠（15mm）：1顆

 構造圖

※各零件的圖示比例非確切。
※各零件以數字表示，尺寸的單位是mm。
※外箱可參考 P12-13預先組合好。
※在●的部分預先做上記號吧。

《外箱構造圖》

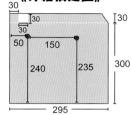
外箱A

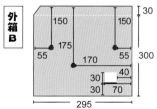
外箱B

外箱C

外箱D

外箱E ×2

外箱F ×2

航道架

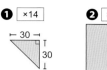

❶ ×14

❷ ×7

❸ ×7

航道

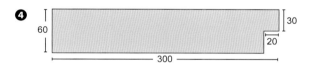
❹

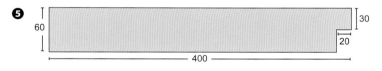
❺

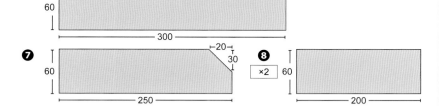
❻ ❼ ❽ ×2

旋轉台

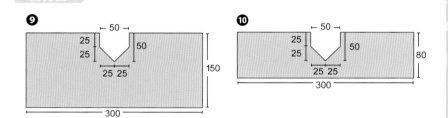
❾ ❿

搖滾彈珠
轉轉樂

來製作讓彈珠轉轉轉的立體機關玩具吧。零件請參考P.15的構造圖，預先切割準備好吧。

● 製作軌道

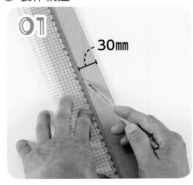

30mm

01 在零件❹～❽從右開始量30mm的位置，用鉛筆畫出直線。

02 沿著01的線用刀片的後方輕輕劃出刀痕。

03 將尺按在02的線上，輕輕地彎摺。

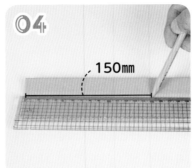

150mm

04 將零件❻300mm的邊朝下擺放，在左邊開始150mm處的摺痕上做上記號。

05 在04的記號上，用圓規畫出半徑10mm的圓。

● 製作軌道架

06 把05的圓用刀片切割下來。

07 於零件❶短邊的斷面塗上白膠，貼在零件❷的長邊（另一側也一樣）。

08 於零件❸的兩個短邊塗上白膠，黏貼在07上面。全部共製作7組。

● 製作旋轉台

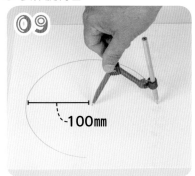

用圓規於卡紙上畫出半徑100mm的圓。

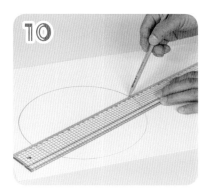

從圓中心到邊畫出直線(從哪裡開始都可以)。

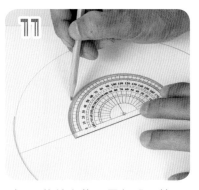

在10的線上放置量角器,於45度角的位置標上記號。

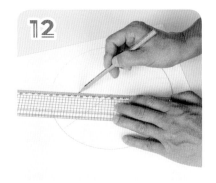

從圓的中心開始畫線,穿過11所標記的點,一直畫直線到圓的外側位置。

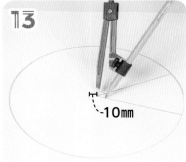

把針插在圓的中心,用圓規畫出半徑10mm的圓。

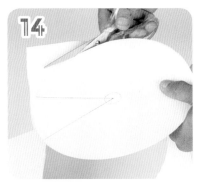

沿著09的線將圓剪下。

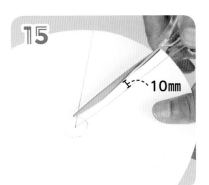

將12畫的線留10mm的距離,用剪刀剪開(同時,也一起把13畫的圓剪掉)。

於15的留白處塗上白膠,將兩邊黏貼起來。以同樣的方式製作2組。

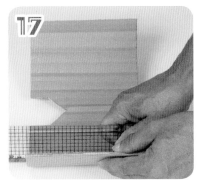

把零件❾、❿用尺壓住,以10mm間隔為單位摺出摺線。

18 把零件❾、❿運用**17**的摺痕捲成圓筒狀。將兩邊的斷面塗上白膠，與另外一面相接合。

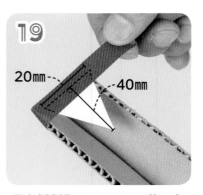

19 用卡紙製作20mm×40mm的三角形，再用紙膠帶將其貼在零件❽的邊上。

20mm ----- -40mm

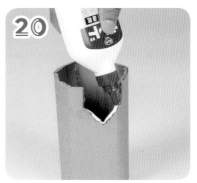

20 在零件❾、❿斷面的∨字部位塗上白膠。

● 暫時固定住

21 於**20**的白膠處放上**19**，接合起來。記得黏有三角形的部分要放在台子的內側喔。

22 在零件❾、❿的圓的斷面塗上白膠，放上**13**並黏貼。

23 把軌道架的左下角沿著外箱A、B、C的6個標記，用紙膠帶暫時固定住(除了外箱B從外側數過來第二個標記之外)。

24 如圖中方向，將軌道架貼在外箱B從外側往內數第二個標記位置，暫時固定住。

25 在軌道架上方放置軌道。由左開始，以零件❹、❺、❻、❼的順序，依序架上軌道，並暫時固定住。

26 沿著外箱D上的記號，把裡面的零件❾，與靠近自己的零件❿用紙膠帶暫時固定住。

27 POINT 彈珠無法滾動的時候可調整位置與高度。

將所有的零件以暫時固定的狀態調整好。確認彈珠是否能順利從起點滾到終點。

28

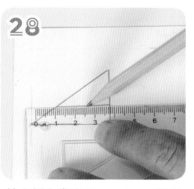

於卡紙上畫出40mm×30mm的直角三角形，在距離40mm的邊10mm處畫一條平行的直線。

29

沿著線剪下三角形，依照**28**畫線的位置彎曲摺起。

● 固定

30

於**26**中零件❾、❿的卡紙部分上架設的軌道出口，測試彈珠會掉落的位置，將**29**暫時固定上。

31

於**25**中的零件❹的軌道與軌道架接觸面的部位標上記號，拆下暫時固定的膠帶。再於軌道架的斷面與面上各自塗滿白膠。

32

於**31**標記的位置上，將零件❹的軌道與2個軌道架黏貼固定好。

33

零件❺、❻、❼的軌道也以**31**、**32**相同的步驟貼上軌道架。

34

將**33**黏貼好的零件❹軌道架的長方形面上塗滿白膠。

35

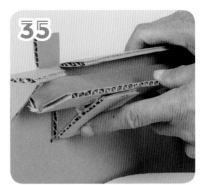

將**34**對齊**27**中暫時固定的位置上，固定黏貼軌道。

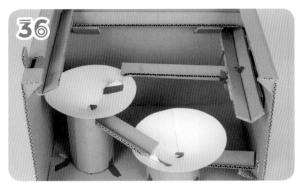

36 零件❺、❻的軌道也以相同方式固定住。

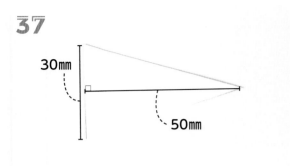

37 於卡紙上畫出30mm×50mm的三角形,並切割下來。

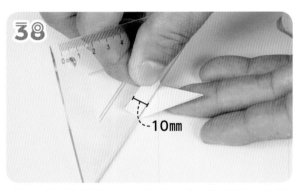

38 於**37**的底部開始10mm的位置畫一條直線,並彎曲摺起。

39 用紙膠帶把**38**固定在零件❼的軌道邊上。

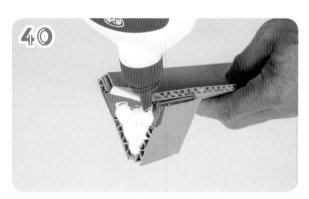

40 拿出零件❼的軌道,將**39**中固定卡紙的那面塗滿白膠。

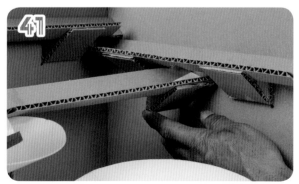

41 把塗滿白膠的那一面黏貼在外箱上面。

把在**26**中暫時固定的旋轉台拆下，在底部的斷面處塗上白膠。

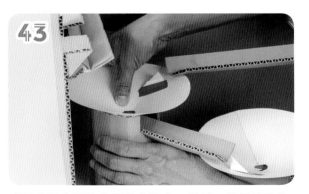

把**42**用力壓住之後黏合起來。另外一個旋轉台也以相同方式黏合固定。

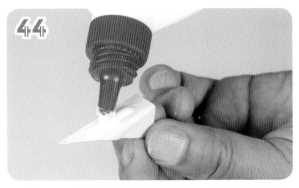

把在**30**中暫時固定住的卡紙拆下，在內側塗上白膠。

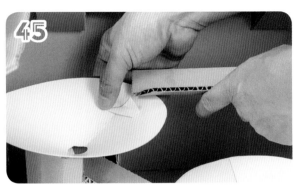

在**30**暫時固定住的位置上黏上**44**。

完成

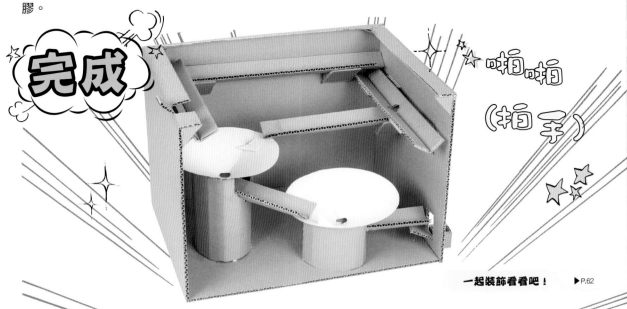

啪啪
（拍手）

一起裝飾看看吧！ ▶P.62

深夜街上的滾滾蟲先生

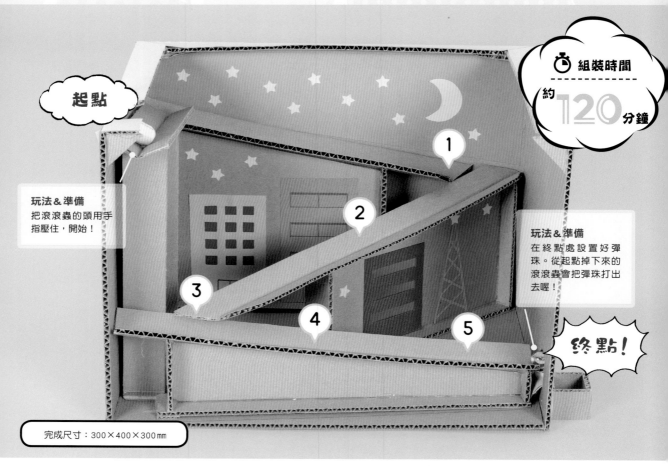

起點

玩法 & 準備
把滾滾蟲的頭用手
指壓住,開始!

① ② ③ ④ ⑤

玩法 & 準備
在終點處設置好彈
珠。從起點掉下來的
滾滾蟲會把彈珠打出
去喔!

終點!

組裝時間
約 120 分鐘

完成尺寸:300×400×300mm

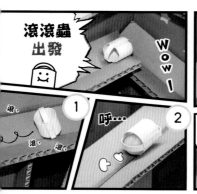

滾滾蟲
出發

WOW!

滾、滾、滾

呼…

① ② ③ ④ ⑤

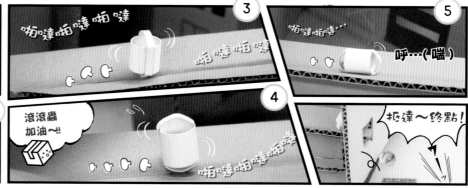

啪噠啪噠啪噠

啪噠啪噠

呼…(喘)

滾滾蟲
加油〜!!

啪噠啪噠啪噠

抵達〜終點!

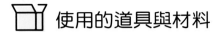 使用的道具與材料　※本書使用厚度5mm的厚紙板。

- 厚紙板（600mm×450mm）：4張
- 卡紙（白）（210mm×297mm）：1張
- 鉛筆

- 不鏽鋼尺
- 尺
- 剪刀
- 彈珠（15mm）：2顆

- 液態膠水
- 刀片
- 切割墊
- 白膠

 構造圖

※各零件的圖示比例非確切。
※各零件以數字表示，尺寸的單位是mm。
※外箱可參考 P.12-13預先組合好。
※在●的部分預先做上記號吧。

《外箱構造圖》

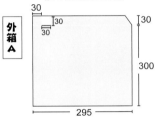

外箱A

30
30
30
30
300
295

軌道❶

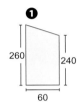 ❶
260 240
60

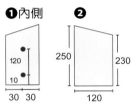 ❶內側
120
10
30 30

 ❷
250 230
120

 ❸
260 250
10
40

 ❹
240 230
10
40

 ❺
140
40

外箱B

30
270
300
30 30 40
295

軌道❷

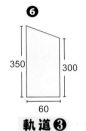 ❻
350 300
60

❻內側
220
30
30 30

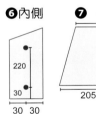 ❼
160
220
205

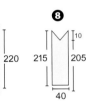 ❽
215 205
10
40

 ❾
170 160
10
40

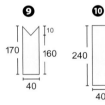 ❿
240
40

外箱C

330
400

軌道❸

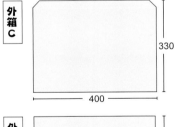 ⓫
330 400
60

⓫內側
240
30
30 30

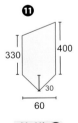 ⓬
100
240
140

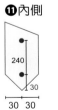 ⓭
150 140
10
40

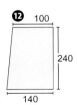 ⓮
110 100
10
40

 ⓯
260
40

外箱D

300
390

軌道❹

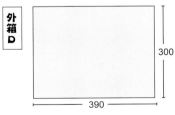 ⓰
20
20 20 20
400
60

⓰內側
330
50
30 30

 ⓱
30
330
65

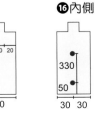 ⓲
75 65
10
40

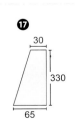 ⓳
40
10
30
40

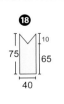 ⓴
359
40

外箱E ×2
30
30

外箱F ×2
50
50

作法

深夜街上
的
滾滾蟲先生

來製作慢吞吞的滾滾蟲立體機
關玩具吧。零件請參考p.23的
構造圖,預先切割準備好吧。

● 製作滾滾蟲

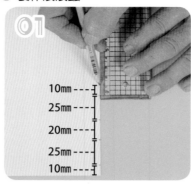

於卡紙的底部開始10mm、
25mm、20mm、25mm、10mm
的位置,用鉛筆做出記號。

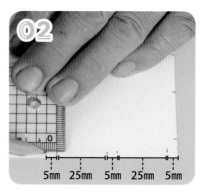

於右邊開始5mm、25mm、
5mm、25mm、5mm的位置上做
出記號。

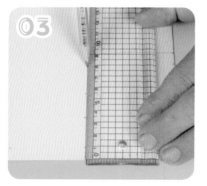

從02最左邊的標記位置開始使
用與01相同間隔來標記,將標
記串聯,畫出一條90mm的垂直
線。

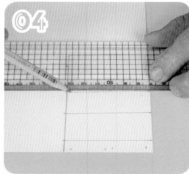

把01與03標記的記號用直線
連結。

依02標記的記號畫出垂直線。

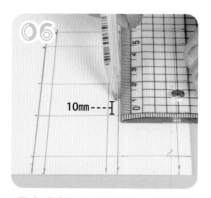

從左邊開始數第三格,下方往
上數第三格處,底邊往上10mm
的位置標上記號。

標記好的樣子。

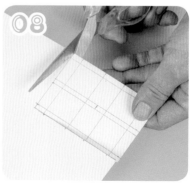

沿著07最外側長方形的邊線如
圖剪下。

參考相片剪出T字型的紙片，周圍用剪刀剪下。另外一面也以相同方式剪下。

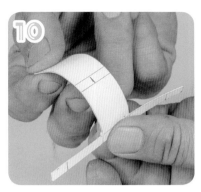

兩端用手指扶著，彎曲成弧形。

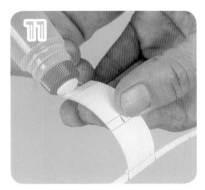

於前端塗上膠水。

POINT
用手指把黏貼好的地方壓住。

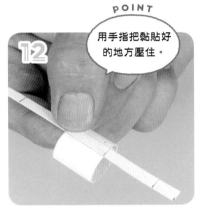

把11上膠的地方與另一端相黏貼。

把細長的部分用手指彎曲輕摺，做出一個彎度。

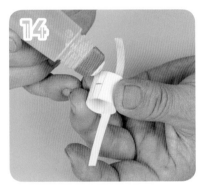

把06做記號的半邊塗上膠水。

把細長部分的頂端彎起來貼在14上面。

待膠水完全乾了之後，於中間放入彈珠。

以彈珠不跑出來為前提，將15的另一邊的頂端也彎起來貼好。

● 製作軌道架

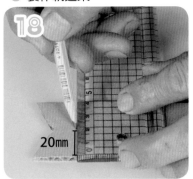

在零件❸長邊底部往上20mm的位置做一個記號（零件❹、❽、❾、⓭、⓮、⓲、⓳也一樣）。

於18標記的位置開始沿著長邊畫出一條平行的線。

沿著19畫好的線塗上白膠。

將20與零件❷長邊的斷面黏合在一起。

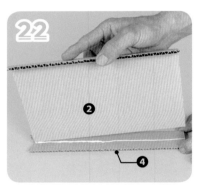

零件❹也同樣以18、19的步驟與零件❷相黏貼。

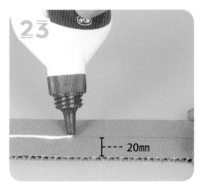

在零件❻長邊的底部往上20mm的位置畫出直線，且於上方塗上白膠。

把23與22黏合起來。

在零件❶底部往上30mm的位置標上記號。

於25畫好的記號開始與長邊平行畫出直線。

沿著26的直線，用刀片後方輕輕劃出刀痕。

把尺壓在27的線上，彎曲摺出痕跡。

將24Ｖ字的切面朝上，於斷面塗上白膠。

沿著28中零件❶內側的記號，將29黏貼上去。

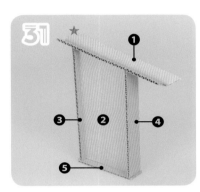

軌道1完成。

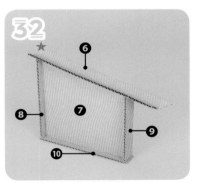

同18～30的步驟，將零件❻～❿黏合，製作出軌道2。

● 暫時固定住

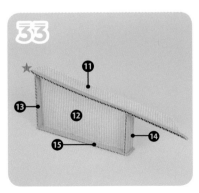

同18～30的步驟，將零件⓫～⓯黏合，製作出軌道3。

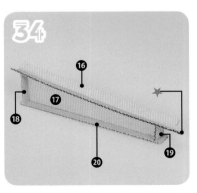

同18～30的步驟，將零件⓰～⓴黏合，製作出軌道4。

把31的★處放置於外箱面向自己左側的角上。

把32的★處放在外箱左側內部的角上。

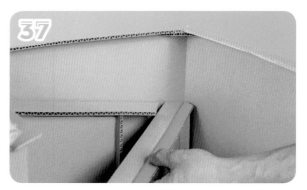

把33的★處放在外箱右側內部的角上。

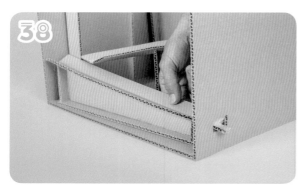

把34的★處插進終點的洞裡。

於起點設置好16，且確認它是否可以到達終點。

都確定好能順利滾動之後，於每個軌道上做出記號。

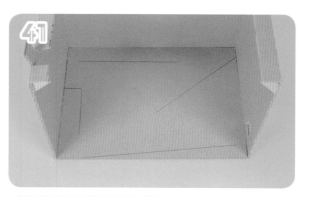

在軌道位置標好記號的樣子。

● 接合起來

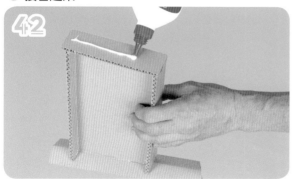

於31～34的內側塗上白膠。

將31貼於在40標好的記號上。32～34也以相同方式黏貼。

POINT

滾滾蟲會到終點把彈珠打出去喔！

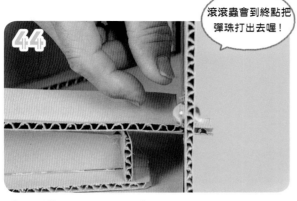

在終點的位置設置好彈珠。

把終點的前端用手稍微摺彎。

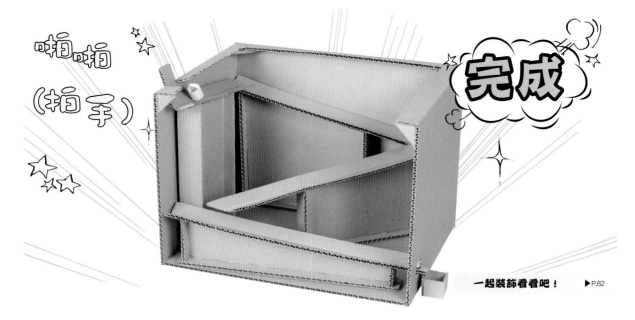

啪啪
（拍手）

完成

一起裝飾看看吧！ ▶P.62

3 球球們的馬拉松比賽

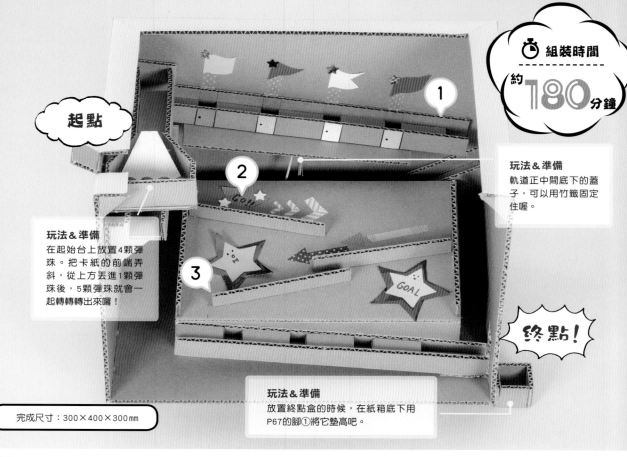

起點

玩法 & 準備
在起始台上放置4顆彈珠。把卡紙的前端弄斜,從上方丟進1顆彈珠後,5顆彈珠就會一起轉轉轉出來囉!

組裝時間
約 180 分鐘

玩法 & 準備
軌道正中間底下的蓋子,可以用竹籤固定住喔。

玩法 & 準備
放置終點盒的時候,在紙箱底下用P67的腳①將它墊高吧。

終點!

完成尺寸:300×400×300㎜

開始

衝啊

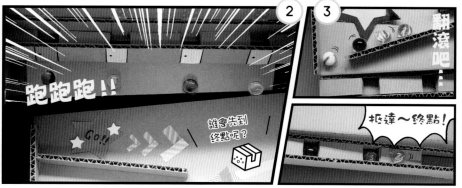

跑跑跑!!

誰會先到終點呢?

翻滾吧

抵達~終點!

使用的道具與材料　※本書使用厚度5mm的厚紙板。

- 紙箱（600mm×450mm）：4張
- 白膠
- 鉛筆
- 尺
- 厚紙(白)（210mm×297mm）：1張
- 剪刀
- 紙膠帶
- 竹籤（約180mm）：1根
- 彈珠（15mm）：5顆

構造圖

※各零件的圖示比例非確切。
※各零件以數字表示，尺寸的單位是mm。
※外箱可參考 P.12-13預先組合好。
※在●的部分預先做上記號吧。

《外箱構造圖》

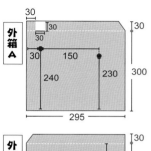
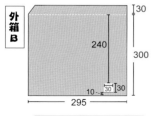
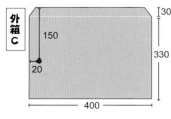
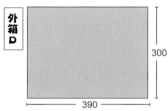

軌道架

軌道①
軌道③

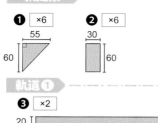
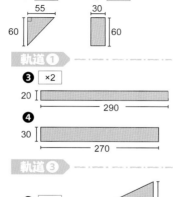
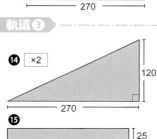
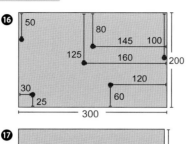
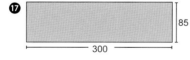

起始台

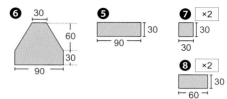
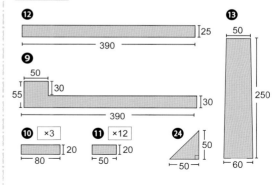
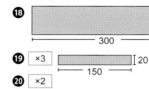
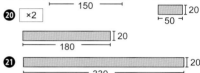
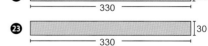

旋轉台

31

球球們 的 馬拉松比賽

一起來做「球球們的馬拉松比賽」立體機關玩具吧。零件請參考P.31的構造圖,預先切割準備好吧。

● 製作軌道架

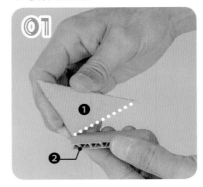

01 將零件❶的斷面塗上白膠,再把它黏在零件❷的邊上(另一側也一樣)。

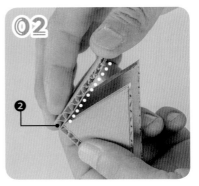

02 把零件❷的邊塗上白膠,將其黏貼於01。總共做3個。

● 製作軌道

03 在零件❸從左邊算起35mm的位置用鉛筆標上記號。

35mm

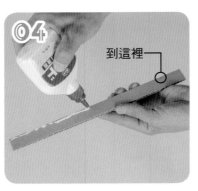

04 將零件❸的邊邊到03的標記處塗上白膠。

到這裡

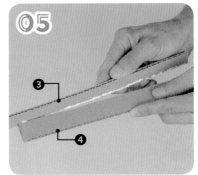

05 零件❸與零件❹相黏貼。

● 製作開始台

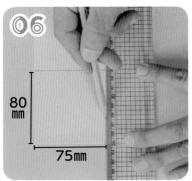

06 於卡紙上畫一個80mm×75mm的長方形。

80mm
75mm

07 在06長邊的一端開始20mm的位置標上記號(另一邊也一樣)。

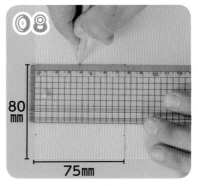

08 從06短邊的一端開始37mm的位置標上記號。

80mm
75mm

在08畫好的記號左右7mm的位置標上記號。

將07與09的記號個別用線連在一起。

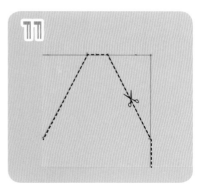

所有的線都畫好了之後,沿著線用剪刀剪下。

將07畫的2個記號用直線連在一起。

將12的直線用尺壓住,再用手輕輕彎曲摺起。

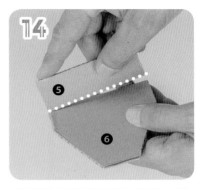

將零件❺的斷面塗上白膠,黏在零件❻的邊上(另一面也一樣)。

● 製作軌道

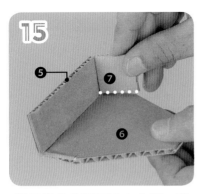

將零件❼的斷面塗上白膠,黏在零件❻的邊上(另一側也一樣)。

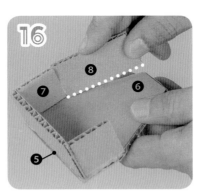

將零件❽的斷面塗上白膠,黏在零件❻上面(另一側也一樣)。

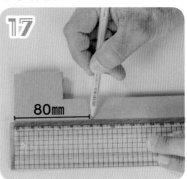

在零件❾左邊開始80mm的地方標上記號。

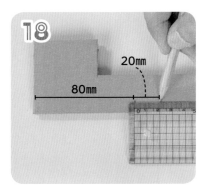

從**17**的標記再往右邊20mm的位置標上記號。

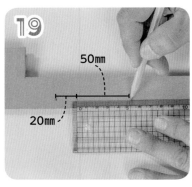

從**18**的標記再往右邊50mm的位置畫上直線。重複**18**、**19**步驟3次。

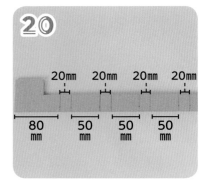

在**17**～**19**的記號上畫垂直線。

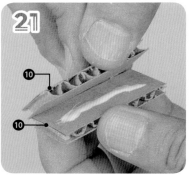

在零件**❿**的面上塗滿白膠,再黏貼起來(反面相同動作)。零件**⓫**、**⓬**也以相同步驟各做4個。

將**21**中由零件**❿**製成的方塊斷面上塗白膠。

對齊**17**的標記處,將**22**黏貼於內側。

沿著**18**、**19**的標記,將**21**中以零件**⓫**重疊製成的4組方塊分別貼上。

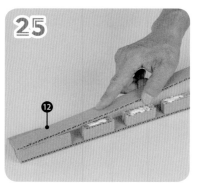

將**23**、**24**的斷面塗上白膠,再貼上一個零件**⓬**。

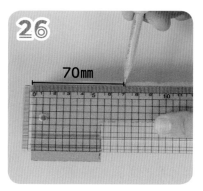

將**25**翻面,在左邊開始70mm的位置標上記號。

於**26**標記的記號開始250mm的位置處標上記號。

沿著**26**、**27**的記號，將零件⓭用紙膠帶暫時固定起來。

● 製作軌道2

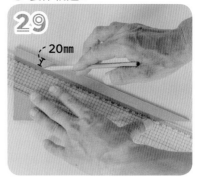

於零件⓮長邊底部往上20mm的位置畫平行的直線。

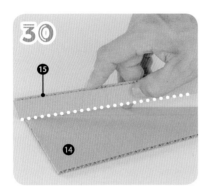

在零件⓯的斷面塗上白膠，與**29**的線對齊黏貼在一起。

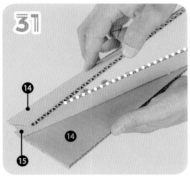

於**30**中零件⓯的另一側斷面塗上白膠，與零件⓮相黏合。

● 製作滾滾台

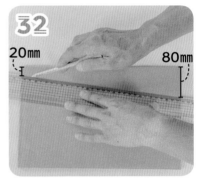

在零件⓰左角開始20mm、右角開始80mm的位置標上記號，再畫直線。

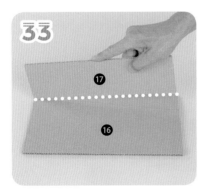

將零件⓱的斷面塗上白膠，與**32**的記號對齊黏貼。另外一側則黏貼零件⓲。

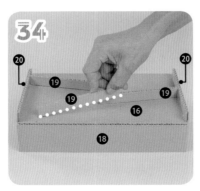

對齊零件⓰上預先做好的記號，將3個零件⓳黏上，兩側的零件⓴也一同黏上。

於零件**17～20**用同樣的間隔，於零件㉑標上記號。

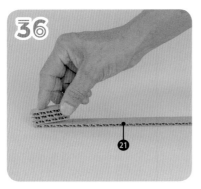

將零件 ㉒ 三層黏貼而成的方塊面上塗白膠，沿著 **35** 的標記依序貼上4個。

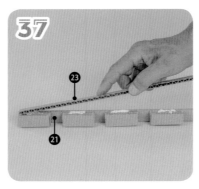

於 **36** 的斷面塗上白膠，再黏上1個零件 ㉓（另一側也同樣黏上）。

將 **37** 中零件 ㉓ 的面與 **34** 中零件 ⓲ 的面用白膠相黏貼。

● 暫時固定住

將 **31** 對齊外箱右側內部的角，暫時固定住。

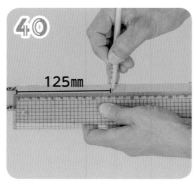

在 **28** 左邊開始125mm的位置標上記號。

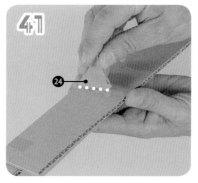

在零件 ㉔ 的斷面塗上白膠，黏貼於 **40** 的記號上。

沿著外箱 A、C 的記號，將軌道架的左側角暫時固定住，放置2個軌道後，再用竹籤架好。

把 **05** 的軌道1放在外箱的軌道架上面，在上面放置 **16** 後再暫時固定起來。

將 **37** 軌道的最前端對齊終點裝上。確認彈珠是否能順利轉動。

● 固定

把暫時固定39的拆下，於內側的斷面塗上白膠。

把暫時固定42的拆下，將軌道架的面塗上白膠，黏貼在外箱上面。

42的軌道2也同樣撕去暫時固定的膠帶，在面上塗白膠，並黏貼接合。

在46上方的面塗白膠，並放上05的軌道1黏貼接合。

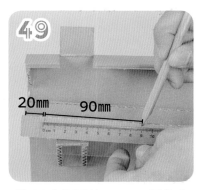

從48左側開始20mm，再往右90mm的位置標上記號。

將零件16對齊於49標上的記號，塗白膠貼上。

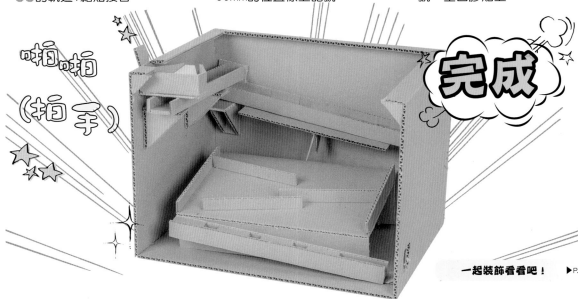

啪啪（拍手）

完成

一起裝飾看看吧！ ▶P.62

4 彩色鉛筆溜滑梯

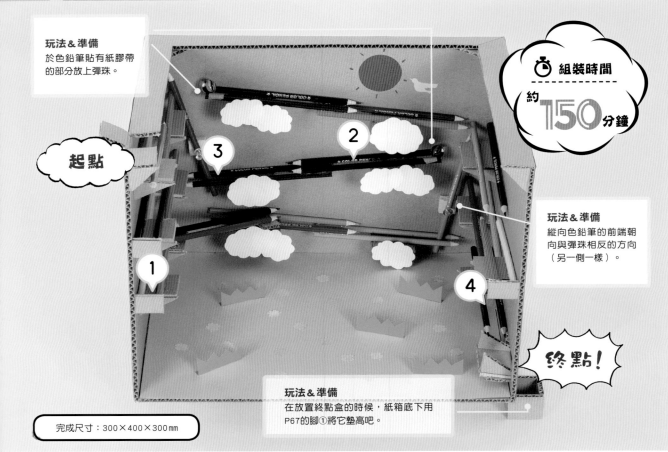

玩法 & 準備
於色鉛筆貼有紙膠帶的部分放上彈珠。

起點

3

2

1

4

組裝時間
約 **150** 分鐘

玩法 & 準備
縱向色鉛筆的前端朝向與彈珠相反的方向（另一側一樣）。

終點！

玩法 & 準備
在放置終點盒的時候，紙箱底下用P67的腳①將它墊高吧。

完成尺寸：300×400×300mm

開始

翻滾

1

2

3 撞

扣 旋轉

啪噠

4

沙

哇！好厲害速度好快！！

抵達～終點！

使用的道具與材料

※本書使用厚度5mm的厚紙板。

- 厚紙板（600mm×450mm）：4張
- 刀片
- 白膠
- 不鏽鋼尺
- 彈珠（15mm）：3顆

- 尺
- 切割墊
- 鉛筆
- 精密鑽孔器

- 紙膠帶
- 色鉛筆（長度：175mm）：34支
- 橡皮擦（厚度：100mm）：2個
- 圖釘：2個
- 雙面膠

 ## 構造圖

※各零件的圖示比例非確切。
※各零件以數字表示。尺寸的單位是mm。
※外箱可參考P.12-13預先組合好。
※在●、▶、★、■位置預先做上記號吧。（●是色鉛筆尾端，▶是色鉛筆前端的筆尖，★是軌道架，■是圖釘，在標記位置分別裝上材料！）

 《外箱構造圖》

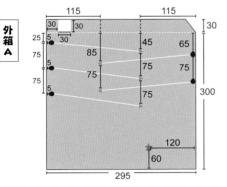

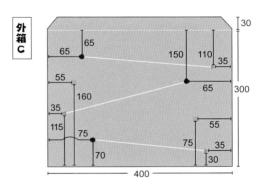

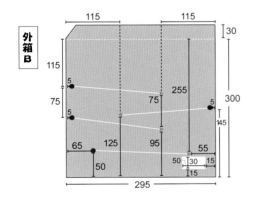

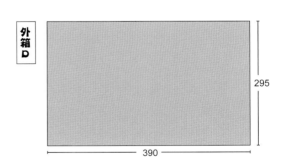

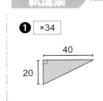

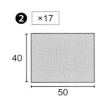

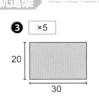

彩色鉛筆
溜滑梯

來製作讓色鉛筆轉動的立體機關玩具吧。零件請參考p.39的構造圖,預先切割下來準備好吧!

● 製作軌道架

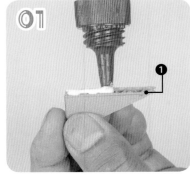

01

在零件❶的斷面塗上白膠。

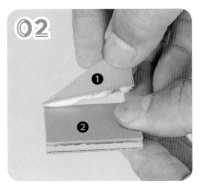

02

將零件❷貼在零件❶上面(另一側也一樣)。

POINT

這是要讓色鉛筆對齊黏貼用的線!

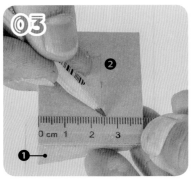

03

把02中❷的短邊朝下,在左邊算起25mm的位置用鉛筆標上記號。

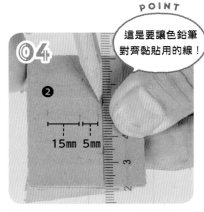

04

15mm 5mm

從03的記號距離5mm的位置、再距離15mm的位置標上記號。在3個標記的位置上分別畫出垂直線。

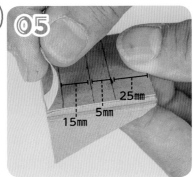

05

25mm 5mm 15mm

於04的兩端貼上雙面膠。

● 製作軌道1

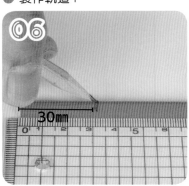

06

30mm

從色鉛筆尾端算起30mm的位置標上記號。

07

50mm

在06的標記右方算起50mm的位置標上記號。

08

在06～07的標記間塗上白膠。

POINT

注意色鉛筆的方向。

對齊04的標記，把08黏貼上去。

同樣再拿一支色鉛筆黏貼於09上面。

POINT

翻面後色鉛筆就能不移位地好好固定住。

在白膠乾掉之前將它翻面。同樣的東西共製作6個，再製作3個色鉛筆尖端反過來的組合。

● 製作軌道2

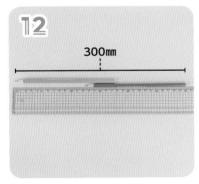

300mm

把2支色鉛筆的長度重疊起來讓它全長是300mm。

在12中上下色鉛筆重疊的部分標上記號（記號標記於上方的色鉛筆上）。

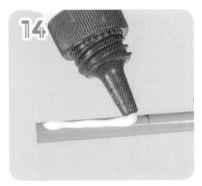

於13標好記號的色鉛筆尾端到標記處位置塗上白膠，把另一支色鉛筆黏貼在12的位置上。

為了穩穩地固定住14，將接著處用紙膠帶纏繞綁好。

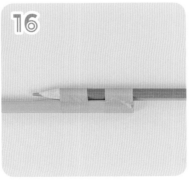

就這樣放著，等白膠完全乾掉後把紙膠帶撕掉。同樣的東西製作6組。

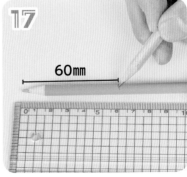

60mm

於色鉛筆前端算起60mm的位置標上記號。

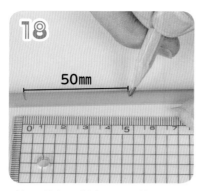

於**17**的標記算起50mm的位置標上記號。

拿出與**18**中不同顏色的另一支色鉛筆，並於尾端算起30mm的位置標上記號。共製作3個。

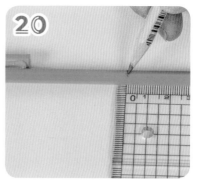

從**19**的標記處往前端50mm的位置標上記號。

在**17**、**18**，**19**、**20**的標記之間塗上白膠，分別黏貼在**05**的軌道架。

與**17**～**20**相同方式，將**16**的色鉛筆黏貼於**05**的軌道架。

翻面，等白膠乾。同樣的東西做2個，另外再做1個前端朝向不同方向的組合。

● 製作旋轉鉛筆

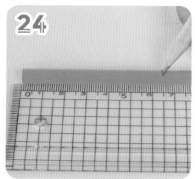

於色鉛筆的尾端算起65mm的位置標上記號。

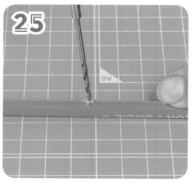

在**24**的標記上使用精密鑽孔器鑿洞。讓洞完全貫穿筆身。

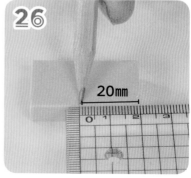

在橡皮擦的邊邊算起20mm處標上記號。

在**26**的標記上畫一條垂直線。

用刀片在**27**畫線的位置切割橡皮擦。

將圖釘穿過**25**的孔，並讓圖釘的前端插在**28**的正中間。同樣的東西共做2個。

● 暫時固定住

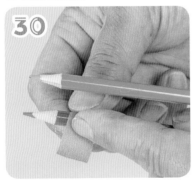

為了讓軌道固定住，在**11**、**23**的色鉛筆前端與尾端貼上紙膠帶。

把色鉛筆的尾端對準外箱A上標記的●，▶則是對準色鉛筆前端，把**11**的軌道1暫時固定住。

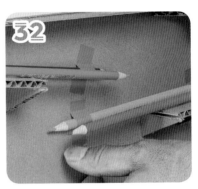

把與**31**相反方向的軌道1，用與**31**同樣的方式對準標記暫時固定住。

● 裝上彈珠的煞車裝置

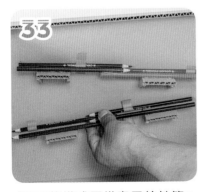

把**31**的模式同樣套用於外箱C的標記，以能讓色鉛筆軌道2相互錯開的方式，用紙膠帶暫時固定。

將外箱C第一階軌道上靠近自己那側的色鉛筆，用紙膠帶捆2～3圈。

把外箱C第二階軌道上靠近自己那側的色鉛筆，用紙膠帶捆2～3圈。

沿著外箱C的■標記，將**29**刺進厚紙板中暫時固定住（另一側也一樣）。

在終點的位置裝上**02**的軌道架，並用紙膠帶暫時固定住。

將**02**的軌道架的左下角，對準外箱Ａ的★，並用紙膠帶暫時固定住。

● 製作軌道3

在零件**❸**的兩端分別貼上雙面膠。

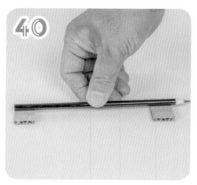

於色鉛筆的兩端貼上**39**。

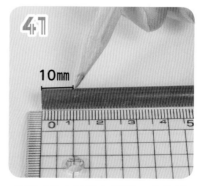

使用**40**之外的色鉛筆，在尾端算起10mm的位置標上記號。

將**41**標記的位置對齊零件**❸**的左端，黏貼固定。

在**38**暫時固定好的零件上放上**42**。

這個時候要特別注意，讓**42**中靠近自己的那支色鉛筆和軌道深處的色鉛筆重疊。

45

拆下暫時固定的軌道，於斷面
塗上白膠後黏好。剩下的軌道
也用同樣的方式黏好。紙膠帶
就留著。

46

拆下暫時固定住的37，將02
用白膠貼好。

● 固定

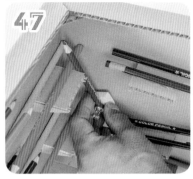

47

將36的橡皮擦的內側塗上白
膠，黏貼於暫時固定時的位置
上。

POINT

會變成防止
彈珠飛出去的
煞車裝置喔！

48

將零件❸的面塗上白膠，把從
外箱內側刺出來的圖釘蓋住且
黏好。

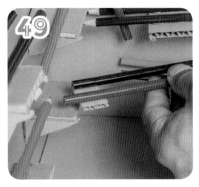

49

於42的面塗上白膠，並黏貼於
暫時固定的位置上。

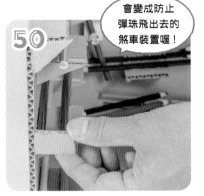

50

於零件❸的面塗上白膠，黏貼
於3個地方以遮蓋、藏住色鉛筆
的斷面。

完成

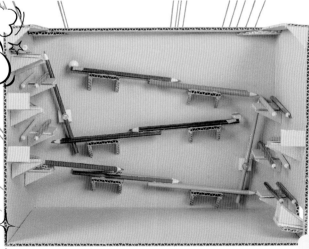

軌道的部分，等白
膠完全乾了之後撕
掉紙膠帶就完成了
喔。

啪啪
（拍手）

一起裝飾看看吧！ ▶P.63

5 UFO的太空旅行

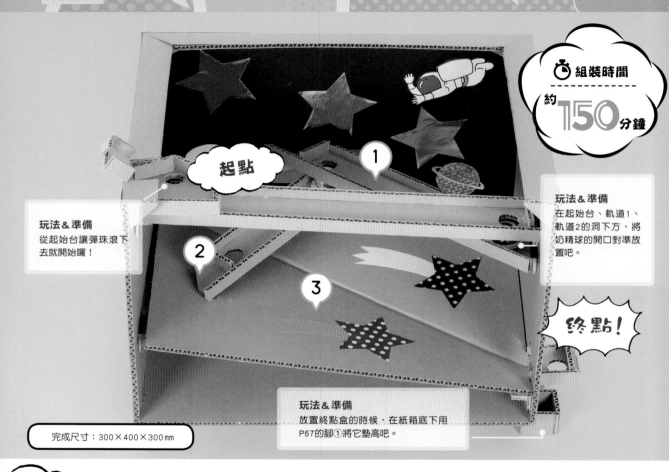

起點

玩法&準備
從起始台讓彈珠滾下去就開始囉!

1

玩法&準備
在起始台、軌道1、軌道2的洞下方,將奶精球的開口對準放置吧。

組裝時間
約 150 分鐘

2

3

終點!

玩法&準備
放置終點盒的時候,在紙箱底下用P67的腳①將它墊高吧。

完成尺寸:300×400×300mm

開始

叭休

1

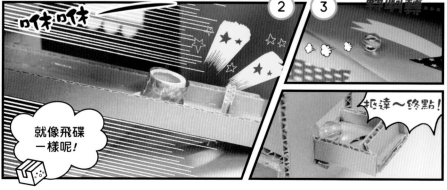

叭休叭休

1

就像飛碟一樣呢!

2

3

轉啊轉

抵達～終點!

使用的道具與材料 ※本書使用厚度5mm的厚紙板。

- 厚紙板（600mm×450mm）：4張
- 刀片
- 白膠
- 鉛筆

- 雕刻刀
- 不鏽鋼尺
- 剪刀
- 切割墊

- 奶精球
  （上：直徑35mm，底：直徑22mm）：3個
- 尺
- 圓規
- 彈珠（15mm）：1顆

 ## 構造圖

※各零件的圖示比例非確切。
※各零件以數字表示。尺寸的單位是mm。
※外箱可參考P.12-13預先組合好。
※在●的部分預先做上記號吧。

《外箱構造圖》

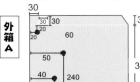

外箱A

30
30 30
20
20 60
30
300
50
40 240
90
295

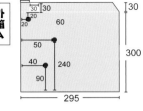

外箱B

30
130 100
125
115
300
25
30
25 75
295

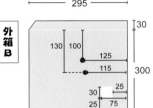

外箱C

30
160 180
140
220
300
50 50
60 60
400

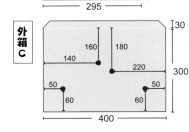

外箱D

295
390

外箱E ×2
30
30

外箱F ×2
50
50

軌道❶

❶
40
395

❷ ×2
15
395

軌道❷

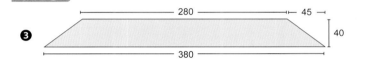

❸
280　45
40
380

❹
15
270

❺
15
370

軌道❸

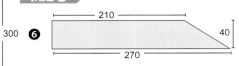

❻
210
40
270

❼
15
210

❽
15
270

起始台

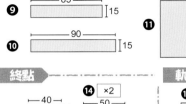

❾
85
15

❿
90
15

⓫
90
80

⓬
90
15

⓳ ×2
80
15

終點

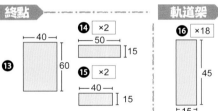

⓭
40
60

⓮ ×2
50
15

⓯ ×2
40
15

軌道架

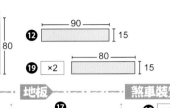

⓰ ×18
45
15

地板

⓱
290
390

煞車裝置

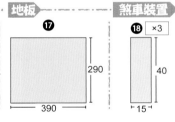

⓲ ×3
40
15

UFO 的 太空旅行

來製作奶精球會咻咻移動的立體機關玩具吧。零件請先參考 p.47 的構造圖,預先切割準備好吧。

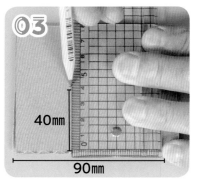

● 製作軌道 1 ～ 3

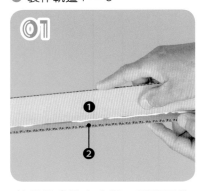

於零件❶塗上白膠,再與零件❷相黏(另一側也一樣)。以相同方式將零件❸～❺、零件❻～❽黏好,製作出3個軌道。

● 製作起始台

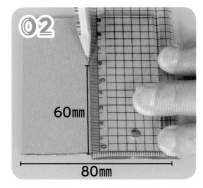

將零件⓫80mm的邊朝下,在由下往上60mm的位置用鉛筆標上記號。

將零件⓫90mm的邊朝下,在由下往上40mm的位置標上記號。

用02、03標好的記號,畫出一個十字。

把圓規拉開至11mm的大小。

把圓規的針對準04的十字中心,畫一個圓。

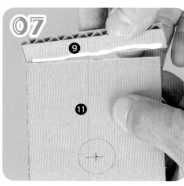

將零件❾的邊塗上白膠,黏貼於零件⓫。

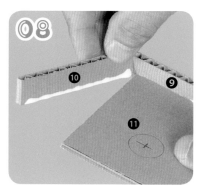

把零件❿的邊塗上白膠,黏貼於07上。

用雕刻刀將**06**的圓切割下來。

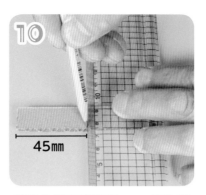

45mm

於零件⓬左邊算起45mm的位置標上記號，並在記號上畫一條垂直線。

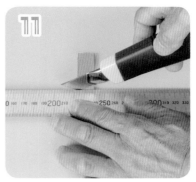

沿著**10**的線，用刀背劃出痕跡。

用尺壓住**11**的線，彎曲摺起。

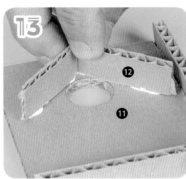

⓬
⓫

在**12**的斷面上塗上白膠，對準**09**中切割的圓洞黏貼好。

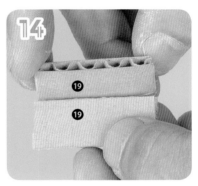

⓳
⓳

將零件⓳的邊邊塗上白膠，再黏上一片零件⓳。

● 製作終點

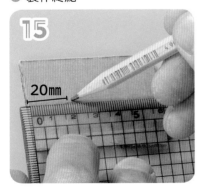

20mm

在零件⓭左邊開始20mm、由下往上20mm的地方標上記號。

11mm

於**15**的標記處上放置圓規的針，並畫出一個半徑11mm的圓。

將**16**的圓用雕刻刀切割下來。

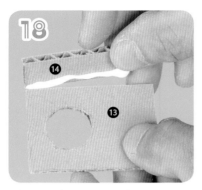

● 製作軌道

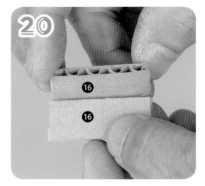

將零件❶的邊塗上白膠,黏貼在**17**上面(另一側也一樣)。

在零件❶的斷面上塗白膠,並黏貼於**18**上。

將零件❶的斷面塗上白膠,並黏貼於另外一個❶上。共做9組。

● 製作地板

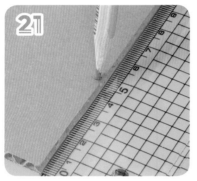

在零件❶的短邊由下往上50mm的位置標上記號。

從**21**的標記開始往左上角的方向畫一條直線。

於**22**的線上,用刀背劃出痕跡。在線上用尺壓住,輕輕摺起。

● 固定地板

於**20**的面上塗白膠。

對準外箱C最左邊的部分,黏上**20**。

在終點的位置放上**19**,於上方再放上**23**後,標上記號。

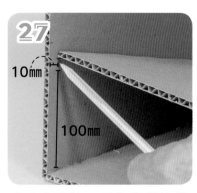

在26另外一面的底部算起100mm處，往裏側10mm的位置標上記號。

把20的右上角對準26的標記處，20的左上角對準外箱A的標記處，各自黏貼好。

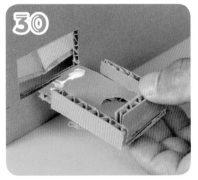

於25、28的軌道架塗上白膠，在上面放置23後黏牢。

● 固定終點

於19中零件❸的邊邊處塗上白膠，並黏貼於終點的位置。

● 固定起點

將14的面塗上白膠，對準外箱A的標記貼好。

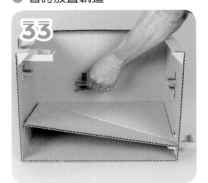

將31的面塗上白膠，放上13並黏貼好。

● 暫時放置軌道

將20的左上角對準外箱A、B、C的標記位置，用紙膠帶暫時固定住。

如照片位置暫時放置01的軌道1。

於34中軌道與軌道架重疊處標上記號。

把**35**標記的位置對準圓規鉛筆的位置，將針調至半徑11mm畫出一個圓。

把**36**的圓用雕刻刀切割下來。

軌道2

軌道3

依照順序放置好**01**的軌道2、軌道3，並在軌道2與軌道3重疊的部分標上記號。

放置圓規的針於**38**的標記處，畫一個半徑11mm的圓，並用雕刻刀切割下來。

● 製作 UFO

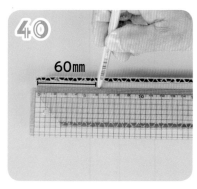

60mm

將**01**的軌道3翻面，在左端開始往右60mm處標上記號。

把圓規的針放在**45**的標記處，畫一個半徑11mm的圓，並用雕刻刀切割下來。

把兩個奶精球重疊，沿著上方容器的邊緣描畫出線。

沿著**42**的線用剪刀剪下。

把奶精球底部的圓用雕刻刀剪下。共製作3個。

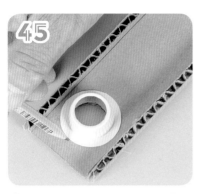

45 把**44**切下的圓與**37**的圓重疊在一起,並於容器的邊邊標上記號(軌道2、3也一樣)。

46 將零件**⑱**的斷面塗上白膠,對齊**45**的標記黏貼。(軌道2、3也一樣)。

47 把**33**暫時固定軌道架的紙膠帶拆下,並於**20**的面上塗白膠。

48 將**47**黏貼於外箱上。

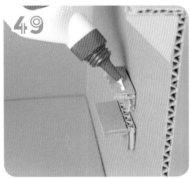

49 將**48**的面塗上白膠。

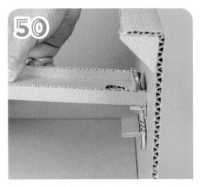

50 把**01**的軌道1放置於**49**上,黏好。軌道2、3也同樣黏好。

完成

啪啪(拍手)

一起裝飾看看吧! ▶ P.63

6 好有趣的 科學實驗課

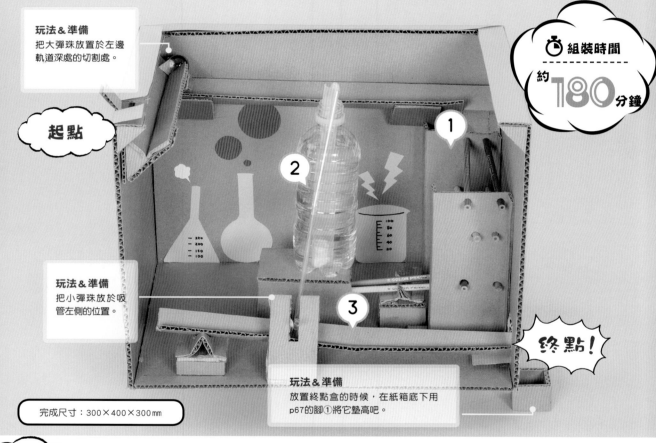

玩法 & 準備
把大彈珠放置於左邊
軌道深處的切割處。

起點

組裝時間
約 180 分鐘

玩法 & 準備
把小彈珠放於吸
管左側的位置。

終點!

完成尺寸:300×400×300mm

玩法 & 準備
放置終點盒的時候,在紙箱底下用
p67的腳①將它墊高吧。

開始

翻滾

輕飄飄

輕飄飄

轉動轉羽輪~

抵達~終點!

使用的道具與材料

※本書使用厚度5mm的厚紙板。

- 厚紙板（600mm×450mm）：4張
- 白膠
- 刀片
- 不鏽鋼尺
- 切割墊
- 鉛筆

- 寶特瓶（500ml）：1個
- 色鉛筆：8支
- 吸管（可以彎曲的）：3支
- 彈珠(20mm・15mm)：各1顆
- 雙面膠
- 保麗龍

- 磁鐵(直徑8mm)：3個
- 吸油幫浦
- 尺
- 小錐子
- 剪刀
- 紙膠帶
- 竹籤

構造圖

※各零件的圖示比例非確切。
※各零件以數字表示。尺寸的單位是mm。
※外箱可參考p.12-13預組合好。
※在●、■部分預先做上記號吧。(■處黏貼零件❼、❽)。

《外箱構造圖》

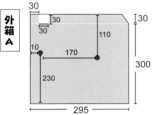

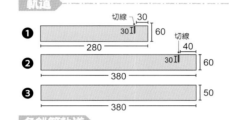

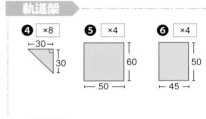

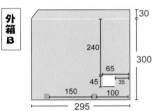

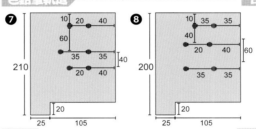

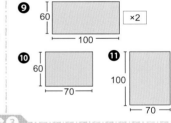

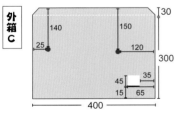

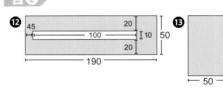

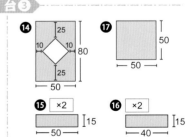

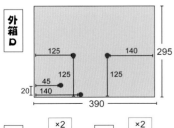

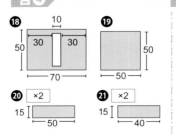

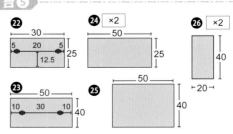

好有趣 的 科學實驗課

用保麗龍來做會輕飄飄轉動的立體機關玩具吧。零件請參考p.55的構造圖,預先切割下來準備好吧。

● 製作軌道

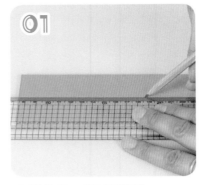

01

在零件❶、❷下方算起30mm,零件❸則是從下方算起25mm的位置,用鉛筆畫出平行線。

02

於 01 的線上,用刀背劃出痕跡。在線的上方用尺壓著,輕輕彎曲摺起。

● 製作軌道架

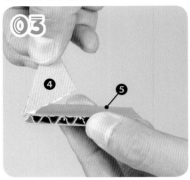

03

在零件❹的斷面塗上白膠,黏貼在零件❺的長邊上面(另一側也一樣)。

04

在零件❻的邊塗上白膠,和 03 相黏。同樣的東西製作4個。

05

在零件❼、❽的標記處,用小錐子鑽出洞。

● 製作台1

06

在零件❾的邊塗上白膠,與零件❿相黏。(另一側也一樣)。

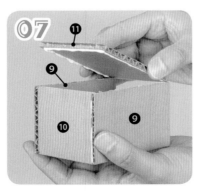

07

將零件⓫的邊塗上白膠,黏貼於 06 上面。

● 製作台2

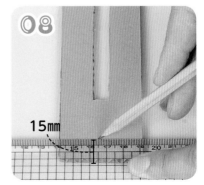

08

在零件⓬的兩端向上15mm的位置畫一條線(另一側也一樣)。

15mm

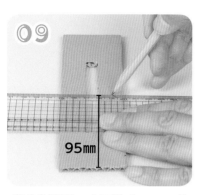

將**08**翻面，由下往上95mm處（中間）畫一條線。

將**08**、**09**的線用刀背劃出痕跡，以尺壓住，再輕輕彎曲摺起。

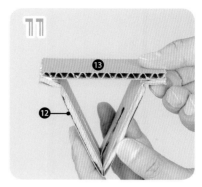

把**10**彎曲摺好的零件**⓬**兩端的面塗上白膠，黏在零件**⓭**上面。

● 製作台3

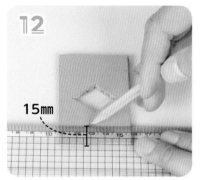

零件**⓮**由下方往上15mm的位置畫一條平行線（另一側也一樣）。

將**12**翻面，並在由下往上40mm的位置畫一條平行線。

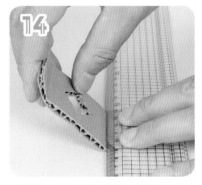

沿著**12**、**13**的線用刀背劃出痕跡，用尺壓住，並輕輕彎曲摺起。

● 製作台4

於零件**⓯**、**⓰**的斷面塗上白膠，黏貼於零件**⓱**上。

將**15**翻面，且在**14**摺好的零件**⓮**兩端的面上塗白膠並黏貼。

在零件**⓲**的兩端算起15mm、與35mm（中間）的位置畫線。將其與**14**相同方式彎曲摺起。

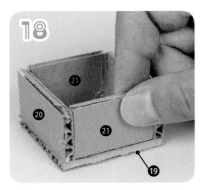

於零件 ⑳ 、 ㉑ 的斷面塗上白膠，黏貼於零件 ⑲ 。

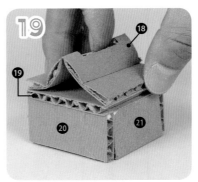

將 **18** 翻面，於零件 ⑲ 的面上面黏貼 **17** 。

把零件 ㉓ 、 ㉔ 的標記處用小錐子鑽出洞。

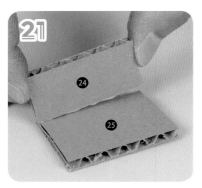

在零件 ㉔ 的斷面處塗上白膠，黏貼於零件 ㉕ 的邊上（另一側也一樣）。

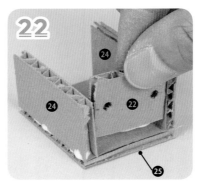

將零件 ㉒ 的斷面塗上白膠，與 **21** 黏貼在一起。

用刀片切出寬8mm、長30mm大小的保麗龍。

於 **23** 上黏貼雙面膠，並貼上磁石。

把吸油幫浦的尖端處切掉，並從切割的地方量220mm的位置剪下。

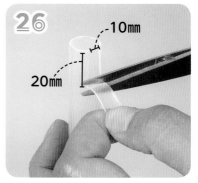

從 **25** 的前端開始如圖剪出一個寬10mm、長20mm的「ㄈ」的形狀。

● 暫時固定

對準外箱的標記，於○４軌道架的左下角用紙膠帶暫時固定住。

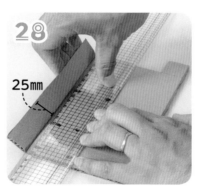

25mm

於○５的兩端開始25mm的位置用刀背劃出痕跡，用尺壓住後彎曲摺起。

把○５的正方形部分也同２８的方式彎曲摺起。

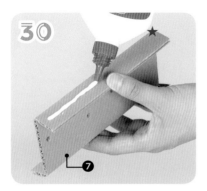

把２８彎曲摺起的面塗上白膠（非與２９正方形同側的那個面）。

POINT

要注意黏貼位置的方向喔！

這裡也要牢牢貼好。

將３０的★對準外箱B深處的■並黏貼好（靠近自己那側的■標記與零件❽相黏貼）。

將6支色鉛筆穿過３１的洞。用色鉛筆的前端把鑽洞器鑿的洞撐大。

把零件❶放在２７暫時固定好的外箱A的軌道架上，零件❷放在外箱C的軌道架上。

把11、16的左側前角對準外箱D，並用白膠黏貼。

把色鉛筆尾端插進２０裡零件❷的洞中，再把前端插進２２裡零件❷的洞中，並將前端固定好。

36 在零件❷一半的位置以尺壓住，輕輕彎曲摺起。共做2個。

37 把**35**中零件❷的面用白膠與**36**相黏貼。貼在2支色鉛筆的中間。

38 於**32**中靠近自己的一側，在最下方色鉛筆的中間再黏上一個**36**。

39 在**37**的盒子中間貼上雙面膠，黏上2個磁石。

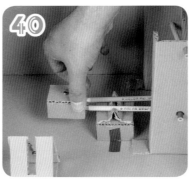

40 將**19**的左下角對準外箱D的標記，用紙膠暫時固定住，並在上方放置**39**。

41 用**7**把**40**蓋住。

POINT
將裝有磁石的那面向下放入。

42 於**41**上方放置寶特瓶，將**26**放入時記得切口要朝上。最後把**24**放入**26**裡面。

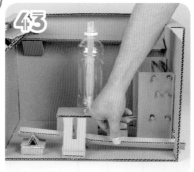

43 將**2**的零件❸從終點開始貫穿，穿越**11**之間，最後放在**16**上面。

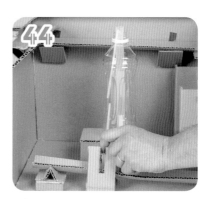

44 將2支彎曲的吸管一支放入**42**裡面，另一支放在可以碰到**43**的位置，確認不夠的長度。

把 **44** 吸管多出來的長度剪下，並於兩端剪出數條剪痕，將 **44** 的2支吸管插進去，使其合體。

所有的零件呈現暫時固定的狀態。滾動彈珠，確認一下它會不會滾到寶特瓶底下。

在軌道與軌道架接觸的地方標上記號。

● 固定

在軌道架的斷面塗上白膠，與 **47** 的標記對齊黏貼（另一側也一樣）。

在軌道架的面上塗白膠，並與外箱黏合。其他的軌道也同 **48**、**49** 方式黏貼好。

在寶特瓶內裝水至九分滿，用竹籤將 **24** 壓下去。讓 **24** 與 **39** 的磁石能夠吸在一起。

啪啪（拍手）

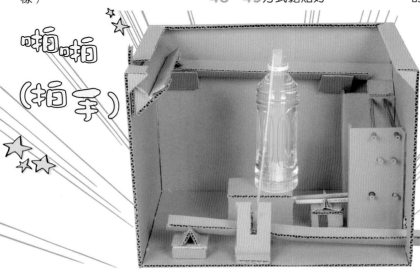

完成

一起來裝飾看看吧！ ▶P.63

裝飾的技巧

● 搖滾彈珠轉轉樂

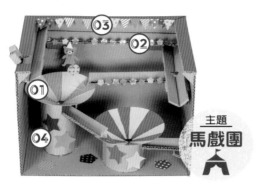

主題
馬戲團

01 旋轉台的圓的部分用水性麥克筆2色相間塗滿。

02 用打洞器於金屬色紙上打出花的圖案,沿著軌道用雙面膠黏貼上。

03 把有圖案的色紙剪成三角形或是五角形,三角形貼在上方,五角形貼在地面。

04 把色紙剪成星星形狀,用雙面膠貼在旋轉台的柱子上面。

● 深夜街上的滾滾蟲先生

主題
夜晚的街道

01 將藍色的色紙用雙面膠黏貼上。

02 把黃色的色紙剪成月亮與星形,用雙面膠隨性貼上。

03 用色紙剪出大樓或是塔的形狀。大樓的窗戶用色紙或奇異筆畫都可以。

04 把03用雙面膠貼在軌道底座。

● 球球們的馬拉松比賽

主題
遊戲

01 在軌道的側面用水性麥克筆畫出門。

02 用螢光色的色紙剪成旗子的形狀貼上,把棒子的部分用紙膠帶貼出。旗子的頂端貼上用打洞器打出的星形色紙。

03 可以在用色紙剪好的星星上面畫上喜歡的表情或文字。

04 把紙膠帶剪成箭頭的形狀貼上。

將做好的立體機關玩具用色紙或是筆來裝飾吧！
為每個作品加上主題的話會變得更好玩喔！

●彩色鉛筆溜滑梯

主題
花田

01 將黃綠色的色紙用雙面膠貼在地板上。

02 把喜歡的色紙用打洞機打出花的形狀，隨性貼在 01上面。

03 把綠色的色紙剪成草的樣子，隨性貼在01上面。

04 將白色的色紙剪成雲的形狀，隨性貼在軌道架上面。把紅色的色紙剪成太陽的形狀，藍色的色紙剪成鳥的形狀貼上。

●UFO的太空旅行

主題
宇宙

01 將黑色的色紙用雙面膠貼好。

02 在喜歡的色紙上用打洞機打出星星的形狀。貼在01與地板上面。再把色紙剪成流星尾巴的形狀，貼在地板上星星的旁邊。

03 用色紙製作太空人、UFO、行星之後貼在01上面。

04 用金屬色色紙包住奶精球的周圍，並以雙面黏貼。

●好有趣的科學實驗課

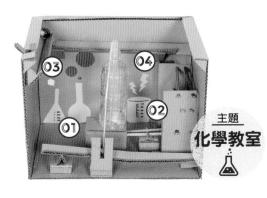

主題
化學教室

01 把藍色的色紙剪成量杯與燒瓶的形狀。

02 在01的上面用黑的簽字筆畫上刻度。

03 把02與寶特瓶位置錯開貼好。

04 把螢光色的色紙剪成圓形或是閃電的形狀，貼在03的周圍。

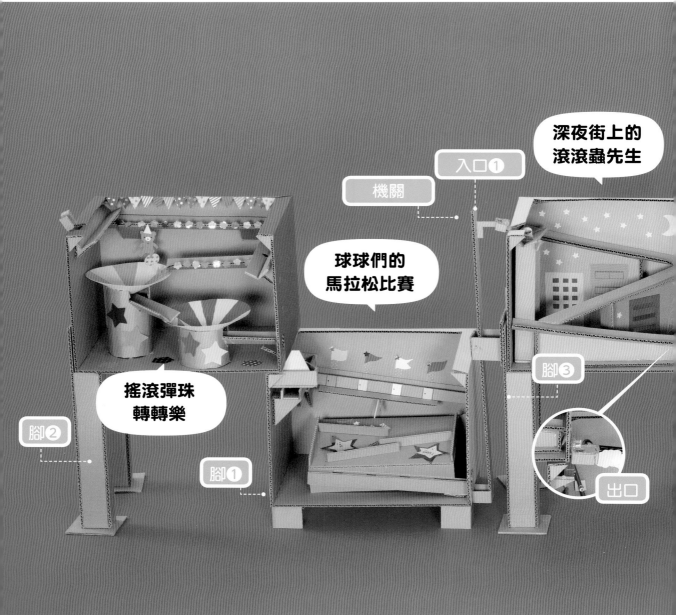

深夜街上的
滾滾蟲先生

入口❶

機關

球球們的
馬拉松比賽

搖滾彈珠
轉轉樂

腳❸

腳❷

腳❶

出口

 構造圖

※各零件的圖示比例非確切。
※各零件以數字表示。尺寸的單位是mm。

腳❶

❶ ×12
50 / 60

❷ ×12
50 / 65

❸ ×12
60 / 60

腳❷・腳❸

❹ ×6
480 / 50

❺ ×18
350 / 50

❻ ×6
100 / 90

❾ ×2
90 / 90

❼ ×4
50 / 60

❽ ×2
50 / 50

機關

❿ ×2
40 / 40

⓫ ×4
40 / 25

⓬ ×2
40 / 600

⓭ ×2
10 / 35 / 35 / 10 / 45

入口❶

⓮ ×4
30 / 15

⓯ ×2
15 / 15

出口

⓰
40 / 40

⓱ ×2
20 / 40

⓲ ×2
20 / 45

入口❷

⓳ ×2
30 / 30

⓴
65 / 20

㉑
60 / 20

㉒ ×2
40 / 30

掉落處

㉓ ×2
30 / 20

㉔ ×2
20 / 20

㉕ ×2
30 / 30

㉖
130 / 45

㉗ ×2
45 / 200

㉘
140 / 40 / 30 / 140 / 200 / 20

㉙
130 / 20

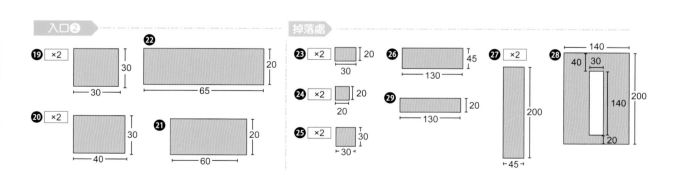

● 腳❶　組合之後▶ 將它對準左邊數過來第2座、第4座、第6座裝置的4個角,放在裝置底下。

在零件❶短邊的斷面塗上白膠,黏在零件❷上面。

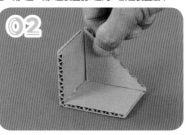

將零件❸的2個短邊的斷面塗上白膠,黏貼於01上面。

等白膠完全乾了之後即完成。

● 腳❷與腳❸　組合腳2與腳3之後▶ 把腳2對齊最左邊裝置靠近自己這一側與其對側,腳3對齊由左邊數過來第3個、第5個裝置靠外側的左角處,裏側則是放腳2。

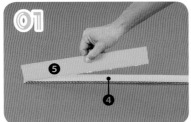

在零件❹長邊的斷面上塗白膠,黏貼於零件❺上(另一側也一樣)。

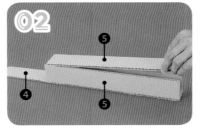

將零件❺的2個長邊塗上白膠,黏貼於01上面。

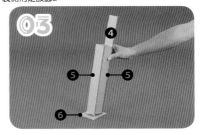

於02的斷面塗上白膠,黏貼於零件❻後腳2即完成。共做2組。

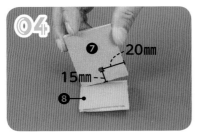

在零件❼的●處用錐子鑽出一個洞,黏於零件❽(另一側也一樣)。

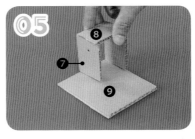

於04的斷面塗上白膠,黏貼於零件❾上。

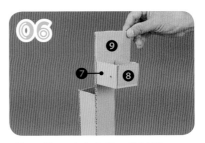

於05的面塗上白膠,黏貼於03,等白膠完全乾了之後即完成。

● 機關 組合之後▶ 穿過腳3的部分，L的部分對準起點，コ的部分對準終點。將腳3的洞用竹籤貫穿固定。

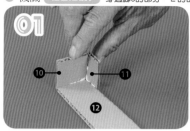

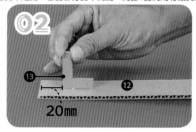

將零件❿、⓫的斷面塗上白膠，黏貼於零件⓬（另一側也一樣）。

將零件⓭的短邊塗上白膠，黏貼於01中零件❿、⓫黏貼位置的相反側往內20mm處。

等白膠完全乾了之後即完成。

● 入口❶ 組合之後▶ 將左邊數來第3個與第5個裝置的起點設為入口1，在裡面把彈珠一顆一顆放好。

在零件⓮的斷面塗上白膠，黏貼於入口的側面處（另一側也一樣）。

在零件⓯的斷面塗上白膠，黏貼於入口位置，記得留下一點空隙喔。

● 出口 組合之後▶ 將零件⓳的面用圖釘刺穿，對準從左邊數來第3座裝置的終點位置裝上。

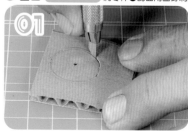

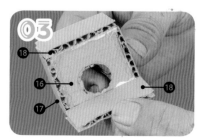

在零件⓰的上方開始20mm、下方開始30mm的位置畫一個半徑15mm的圓。

把01的圓用雕刻刀切割下來，黏貼於零件⓱、⓲。

於零件⓲的斷面塗上白膠，黏貼於02的另一側。

● 入口❷ 組合之後▶ 在左邊數來第5座裝置的終點底下,將沒有黏貼零件㉒那側的零件⑳黏上。

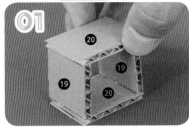

在零件⑲的斷面、零件⑳的邊塗上白膠,讓其變成立體的方形。

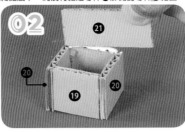

將零件㉑的斷面塗上白膠,黏貼於01。

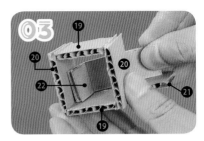

在零件㉒左邊算起20mm的位置彎曲摺起,於摺起的那面處塗上白膠,並黏貼於02。

● 掉落處 組合之後▶ 在最右邊的裝置終點,將沒有放置小方塊的那面對齊放上。

於零件㉓、㉔的斷面塗上白膠,黏貼於零件㉕。

將另外一個零件㉕的4個邊也塗上白膠,黏貼於01上。

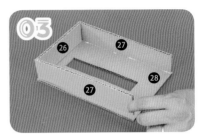

將零件㉖、㉗的斷面塗上白膠,黏接於零件㉘。

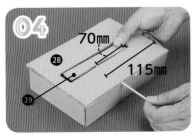

把03翻面,從厚紙箱的隙縫穿過竹籤,並通過零件㉙。

於04通過的零件㉚前端用手指稍微彎曲摺起。

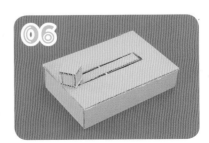

把02放置於05的位置上即完成。

用紙箱做立體機關玩具

立體機關玩具 設計者

●搖滾彈珠轉轉樂

新井勇司

●彩色鉛筆溜滑梯
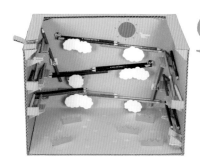
北村英明

●深夜街上的滾滾蟲先生

大平新一

●UFO的太空旅行

栗原勇次

●球球們的馬拉松比賽

薄井宣泰

●好有趣的科學實驗課

平野直